爆笑化学江湖

无形气体神力无穷

王冶 —— 著绘

中信出版集团 | 北京

U0160753

图书在版编目（CIP）数据

无形气体神力无穷 / 王冶著绘 . -- 北京 : 中信出
版社 , 2024.4（2024.10重印）
（爆笑化学江湖）
ISBN 978-7-5217-5736-1

Ⅰ . ①无… Ⅱ . ①王… Ⅲ . ①化学－少儿读物 Ⅳ .
① O6-49

中国国家版本馆 CIP 数据核字（2023）第 086872 号

无形气体神力无穷
（爆笑化学江湖）

著 绘 者：王冶
出版发行：中信出版集团股份有限公司
　　　　　（北京市朝阳区东三环北路27号嘉铭中心　邮编　100020）
承 印 者：北京尚唐印刷包装有限公司

开　　本：787mm×1092mm　1/16　　印　张：38　　字　数：1000千字
版　　次：2024年4月第1版　　　　印　　次：2024年10月第3次印刷
书　　号：ISBN 978-7-5217-5736-1
定　　价：140.00元（全10册）

出　　品：中信儿童书店
图书策划：喜阅童书　　　　　　　策划编辑：朱启铭 由蕾 史曼菲
责任编辑：房阳　　　　　　　　　营　　销：中信童书营销中心
封面设计：姜婷　　　　　　　　　内文排版：李艳芝

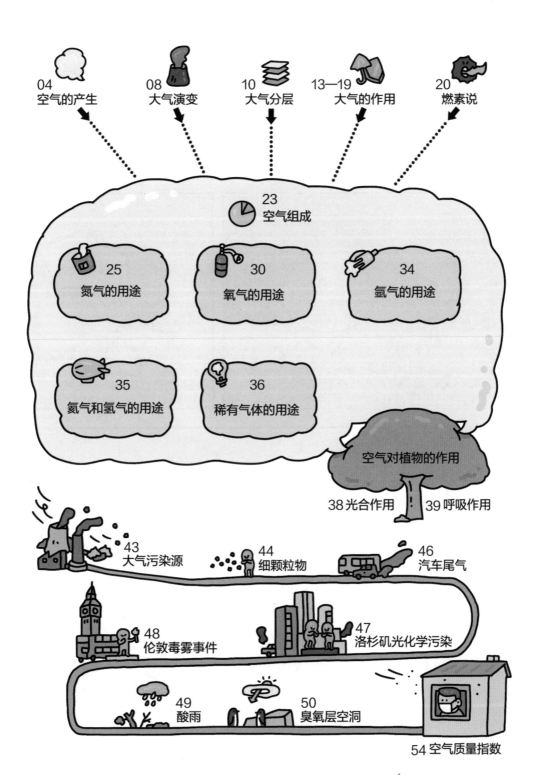

04 空气的产生

08 大气演变

10 大气分层

13—19 大气的作用

20 燃素说

23 空气组成

25 氮气的用途

30 氧气的用途

34 氩气的用途

35 氦气和氢气的用途

36 稀有气体的用途

空气对植物的作用

38 光合作用　39 呼吸作用

43 大气污染源

44 细颗粒物

46 汽车尾气

48 伦敦毒雾事件

47 洛杉矶光化学污染

49 酸雨

50 臭氧层空洞

54 空气质量指数

灭火神功 ▶ ▶ ▶

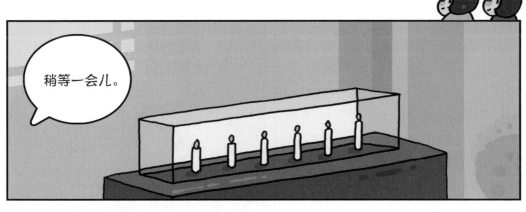

稍等一会儿。

全部熄灭。

哈！

你是怎么做到的？

空气不就是一种气体吗？难道它含有不同的气体成分？

我是等里面空气中的氧气被消耗掉了之后再出手，蜡烛其实是自己熄灭的。

当然包含不同的气体成分啦！我给你讲讲吧。

你往头上看。

看什么?

从地面向上至1000千米以上的地方。

这个空间里充满了我们看不见的空气。

厚厚的一层包裹着地球。

那空气是怎么产生的呢?

这要从大约138亿年前说起。

宇宙中有一个密度非常大,温度非常高的"点",科学家称其为"宇宙奇点"。

"宇宙奇点"发生了膨胀,过程好像一场爆炸,科学家将其称为"宇宙大爆炸"。

砰!

质子

电子

中子

在大爆炸的过程中，产生了质子、中子和电子。

宇宙里太冷清了，我们还是一起结成伙伴吧。

好呀！

亲密地团结在一起。

大约 38 万年后，这些结伴的粒子形成了氢原子和氦原子。

氦

氢

宇宙中的这些物质不断融合之后，其中一部分逐渐形成了气体。

宇宙气体

地球在宇宙中逐渐形成，同时产生了引力。

地球

宇宙气体被地球的引力所吸引，聚集在地球外围，形成了笼罩地球的大气层。

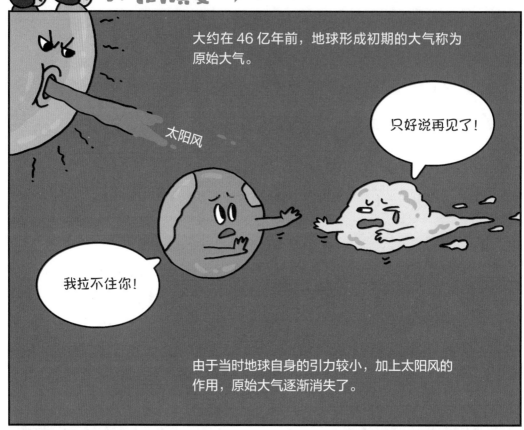

大约在 46 亿年前，地球形成初期的大气称为原始大气。

太阳风

只好说再见了！

我拉不住你！

由于当时地球自身的引力较小，加上太阳风的作用，原始大气逐渐消失了。

地球的火山活动频繁，从地球内部不断释放出气体，主要成分是二氧化碳、甲烷、氮、硫化氢、氨等，这一时期的气体称为次生大气。

大约 32 亿年前，地球的原始海洋中出现了简单的单细胞生物——蓝细菌。

蓝细菌

氧气

蓝细菌能够进行光合作用，放出氧气。

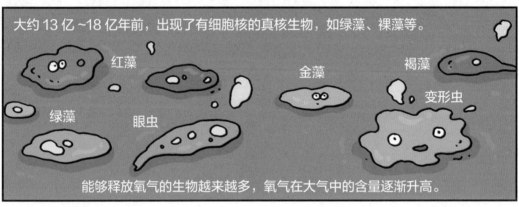

大约 13 亿~18 亿年前，出现了有细胞核的真核生物，如绿藻、裸藻等。

红藻

金藻

褐藻

变形虫

绿藻

眼虫

能够释放氧气的生物越来越多，氧气在大气中的含量逐渐升高。

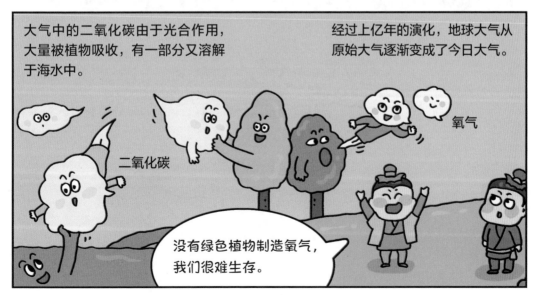

大气中的二氧化碳由于光合作用，大量被植物吸收，有一部分又溶解于海水中。

经过上亿年的演化，地球大气从原始大气逐渐变成了今日大气。

二氧化碳

氧气

没有绿色植物制造氧气，我们很难生存。

逃逸层
500 千米以上

 中高轨道卫星

气体和微粒可以进入太空，不受重力束缚。

热层
85~500 千米左右

热层内的温度很高，温度随高度增加而增加。

存在自由电子、离子，能反射无线电波。

低轨道卫星

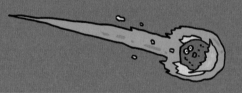 航天飞机

中间层
50~85 千米左右

流星体进入地球大气后，一般在这里燃烧分解。

平流层
12~50 千米左右

气流平稳，没有云，适合飞机飞行。

存在由臭氧形成的臭氧层，能吸收紫外线。

对流层
地表以上 12 千米左右

风、雨、雷、电、雪等天气现象都发生在这一层。

有一群勇敢的人热衷于高空跳伞。

他们从平流层起跳，下落进入对流层。在对流层内，高度越高，空气密度和气压越低，只有穿戴特殊装备，他们才能得到有效的保护。

2014 年，美国谷歌公司高管艾伦·尤斯塔斯的跳伞高度是 41400 米。

他们乘坐特制的氦气球升到高空。

在他们跳伞的高度，温度在零下 50 摄氏度左右，非常寒冷。

空气密度只有海平面的 1%~3%，气压只有海平面的千分之一。

2012 年，奥地利极限运动员菲力克斯·鲍姆加特纳的跳伞高度是 39045 米。

1960 年，美国空军上校乔·基廷格的跳伞高度是 31300 米。

多功能头盔

氧气供给装置

前胸装备包

备用伞拉环

压力控制装置

主伞拉环

测高仪

摄像机

保温加压防护服

在下落的过程中，乔·基廷格的手套破了一个洞，由于人体内的压力大于当时外部的大气压，他的手肿胀得非常大，但也正是由于手肿胀后堵住了漏气的洞，压力服内不再释放压力，他最后才能安全返回。

高空跳伞装备示意图

哎，我鱼缸里养的鱼哪儿去了？

在这儿呢，已经死了。

一定是自己跳出来了。

我们在空气中就像鱼在水中。

鱼离开水无法生存，我们离开空气也无法生存。

人和动物的呼吸需要空气，植物的光合作用和呼吸作用也需要空气。

总之，生命离不开空气。

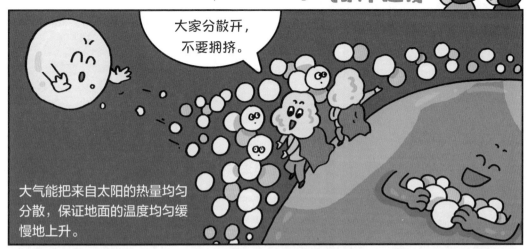

大气能把来自太阳的热量均匀分散，保证地面的温度均匀缓慢地上升。

地面白天吸收的热量在夜晚会散发出去，在这个过程中，大气能减缓温度下降的速度。

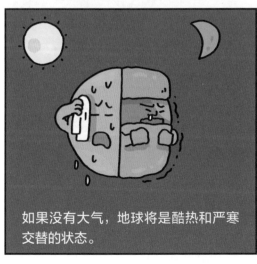

如果没有大气，地球将是酷热和严寒交替的状态。

因为有了大气的存在，地球才会有适宜人类和其他生物生存的温度。

看，有流星，许个愿吧。

好，我要许个愿。

我希望生活平静安稳……

别许愿了，你快睁眼看看！

它朝我们飞过来了。

快跑！

砰！

有科学家认为在 6600 万年前，一颗直径约为 10 千米的小行星撞击了地球，由于体积过于庞大，大气没能将其在空中燃烧分解，撞击导致了恐龙的灭绝。

哎呀！好痛！

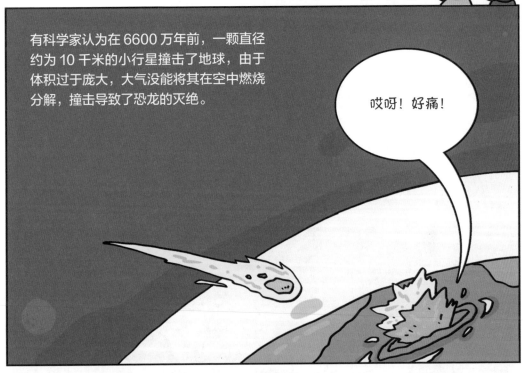

飞向地球的小天体在进入大气层后就会与大气产生摩擦而燃烧殆尽，大气层就像盾牌一样保护地球上的生物不受外来天体的威胁。

有你，我就放心了。

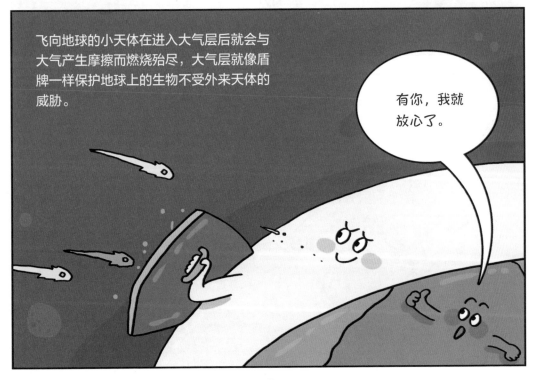

宇宙射线是一种高能粒子，它们有些来自太阳，有些来自太阳系之外。

它们在宇宙空间中四处传播。

我想去哪儿就去哪儿！

前面有颗星球！

我们过去看看！

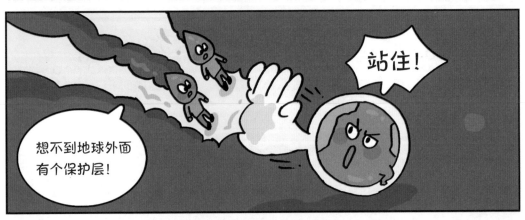

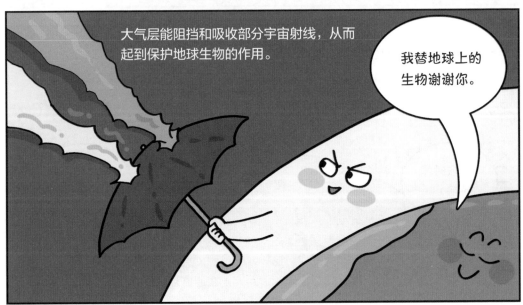

大气传递信息 ▶ ▶ ▶

你能听见我说话吗？

能听见。

没有空气，声音无法传播，在太空中如果不借助通信设备，我们就听不到对方讲话。

今天天气：晴。

电离层充满大量自由电荷（电子、离子）。遇到电磁波，自由电荷会随着电场振荡，发出电磁波，也就是反射电磁波。

今天天气：晴。

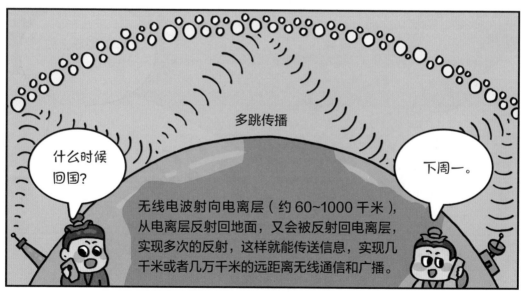

多跳传播

什么时候回国？

下周一。

无线电波射向电离层（约60~1000千米），从电离层反射回地面，又会被反射回电离层，实现多次的反射，这样就能传送信息，实现几千米或者几万千米的远距离无线通信和广播。

海洋表面的水蒸发到大气中形成水蒸气。

水蒸气组成的云在风的作用下来到陆地上空。

当大气托不动云中的小水滴时便形成了降雨，雨水有一部分又流回海洋。

如果没有大气，地球的水循环就无法实现，生物的生存就会受到严重影响。

这样会引发世界粮食危机。

对呀，我们连饭都吃不上。

植物因缺水而无法生长。

动物因缺水而死亡。

18 世纪以前，欧洲有一种"燃素说"。

认为有一种气态的物质存在于一切可燃的物质中。这种物质被称为燃素。蜡烛中的燃素耗尽，燃烧就停止了。

燃素说认为煤和木材能燃烧就是因为它们含有燃素。

1772 年
英国化学家卢瑟福在研究二氧化碳性质的过程中，发现了不能维持生命并且可以灭火的气体，把它称为浊气，实际是氮气。

氮气

1772 年
英国化学家普里斯特利通过对木炭的燃烧实验也发现了不助燃同时不助呼吸的气体，实际是氮气。

氮气

1774 年
普里斯特利通过对氧化汞的加热实验发现了能够助燃也可助呼吸的气体，实际是氧气。

氧气

1772—1773 年
瑞典化学家舍勒也通过硝酸盐、氧化汞等实验发现了不助燃、不助呼吸和助燃又助呼吸的气体，实际是氮气和氧气。

氮气

氧气

虽然卢瑟福、普里斯特利、舍勒发现了氮气和氧气，但是他们都受"燃素说"的束缚，认为这些发现还是与燃素有关。

感觉好可惜呀！看来"燃素说"的影响力很大。

1777 年
法国化学家拉瓦锡通过对汞的加热实验的研究，得出了空气是由氧气和氮气组成的结论。

还是你厉害！

18 世纪末，"燃素说"终于被推翻，化学界普遍承认了拉瓦锡的空气成分学说。

拉瓦锡被后世尊称为"现代化学之父"。

1894 年
英国物理学家瑞利和英国化学家拉姆赛通过实验研究发现了稀有气体氩。

我们俩合作非常愉快。

1894—1898 年

拉姆赛等人发现了氦、氖、氪、氙等气体，拉姆赛被誉为"稀有气体之父"。

稀有气体族的设想是我提出的。

氦　　氖　　氪　　氙

1900 年
德国物理学家多恩在含镭的矿物
中发现了放射性气体氡。

想不到研究空气成分的过程竟经历了这么多年。

所以现在你知道空气是由多种气体组成的了吧。

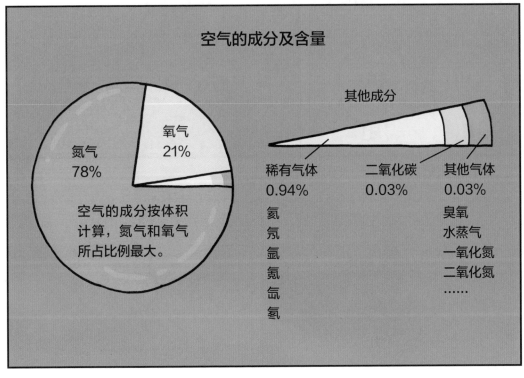

空气的成分及含量

氧气 21%

氮气 78%

空气的成分按体积计算，氮气和氧气所占比例最大。

其他成分

稀有气体 0.94%
氦
氖
氩
氪
氙
氡

二氧化碳 0.03%

其他气体 0.03%
臭氧
水蒸气
一氧化氮
二氧化氮
……

氮气

嗨！你怎么不理我？

氮气无色无味，非常不活泼，不喜欢与其他物质发生反应。

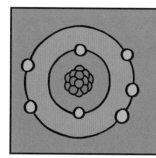

氮原子的核外电子最外层有 5 个电子。

氮气由两个氮原子构成，共用三对电子。

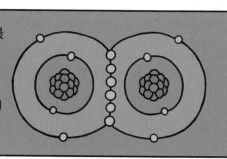

这三对电子像 3 根强力弹簧一样。

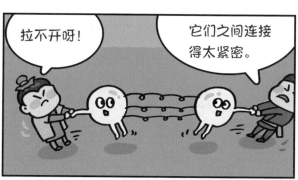

拉不开呀！

它们之间连接得太紧密。

你们拉不动就别拉了。

咣！

所以其他物质很难改变氮气的分子结构，与它发生化学反应。

它太孤僻了。

哎呀！

还好没压碎！

薯片这类膨化食品的包装袋里就充满了氮气，可以延长食品的保质期，防止食品受潮，氮气还能保护食品不被压碎。

汽车受到撞击时，安全气囊会弹开，里面就是氮气。因为氮气无毒无味，不助燃，不会引发其他伤害。

感觉好危险，我们离远点。

电弧是一种气体放电现象，将氮气充在灯泡里面，能防止灯泡内产生电弧，还可以延长灯泡的使用寿命。

在罐装啤酒中加入氮气，不仅不会影响啤酒的口感，还会让啤酒的保质期更长。咖啡中加入氮气可以提升咖啡的口感和甜味。冰激凌与食品级液氮混合能制成"冒烟冰激凌"，不过在吃的时候要避免冻伤。

好凉啊！

小心别冻伤呀！

今年真是大丰收呀！

氮气是制造氮肥的主要原料，氮肥是世界上使用量最大的肥料品种，氮肥可以提高农作物的产量。

氮气与氢气可以合成氨。硝酸、尼龙、合成橡胶、泡沫塑料都是直接以氨为原料生产的。

聚酰胺纤维（尼龙）又叫锦纶，耐磨性和强度非常高，降落伞和热气球都用了这种材料。

缆绳、渔网、帐篷也是用尼龙材料制作的。

嗨！想不到利用氮能制造出这么多产品。

我这里长了个疣。

用液氮可以治疗。

在零下 196 摄氏度时，氮气会液化成液氮。液氮冷冻治疗法可以冷冻杀死病毒细胞，一般用来治疗疣、鸡眼等皮肤病。

氮气

焊枪

焊料

一些博物馆的文物展柜内充满了氮气。

文物还会放入真空充氮灭菌消毒机里，利用氮气不易与其他物质反应的性质，防止文物氧化，起到保护文物的作用。

氮气还可以作为焊接的保护气，提高焊接质量。

作为大气中含量最多的气体，氮的用途真是太多了。

第一次觉得懒能有这么多的好处，哈哈。

你们好!

嗨!

你好，氧气!

氧气

氧气是由氧元素形成的一种气体单质，性质比较活泼，无色无味。

氧气兄弟你字写得真好，有人想出钱买你的字。

什么钱不钱的，我喜欢广交天下朋友，送给他们都可以。

可他们非要给钱。

宇宙空间站、飞船和航天服里都有制造氧气的设备，以供航天员呼吸。

在医疗领域，医用氧气能改善呼吸不畅，为需要的病人提供生命支持。

飞机在高空如果发生失压情况，氧气面罩就会自动落下，供乘客呼吸，飞行员也有自己的氧气面罩。

潜水员背的气瓶里添加的不是纯氧，而是压缩空气，里面除了氧气，还有氮气和少量的氦气。

海拔越高，空气越稀薄，氧气越少，登山者由于缺氧会发生头晕、胸闷等不良反应，及时吸氧能缓解或消除这些症状。

铁水池

只有我们敢泡这么热的池子吧！

磷 硫 硅

纯氧

这温度也不够热啊，继续加热！

好的。

我受不了了。

别走，继续泡呀！你们不是不怕热吗？

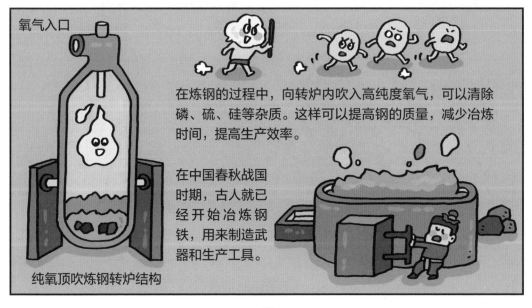

氧气入口

在炼钢的过程中，向转炉内吹入高纯度氧气，可以清除磷、硫、硅等杂质。这样可以提高钢的质量，减少冶炼时间，提高生产效率。

在中国春秋战国时期，古人就已经开始冶炼钢铁，用来制造武器和生产工具。

纯氧顶吹炼钢转炉结构

氧气在零下 183 摄氏度时，变为天蓝色液体。

零下 219 摄氏度时变成蓝色雪花状固体。

液态氧

固态氧

液氧与液氢或煤油混合，可以制成液体推进剂火箭发动机的燃料，为火箭提供动力。

液氧需要在低温和高压条件下保存。

液氧与其他可燃物质混合容易发生爆炸。20 世纪 60 年代以前，液氧常用于露天矿的爆破。

砰！

仗义执言的氩气

氩气

我的刀断了，怎么办啊？

找氩气大哥帮忙焊接一下吧。

氩气是无色无味的单原子气体，不喜欢与其他物质发生化学反应。

电焊机焊头

焊料

我们来帮你呀！

氢气

氧气

谢谢你们来帮忙！

焊料

啊！一定是氢气和氧气偷走了焊料，使焊接效果不好。

你们都给我离远点，别来干扰他工作。

氩气

在焊接过程中氩气能将其他气体隔离在焊区之外，提高焊接质量。

听说您刀法比较厉害，我想跟您切磋一下。

好啊，没问题，来吧。

把我的40米大刀拿来！

哟！就您那么小的刀，怎么和我比呀？

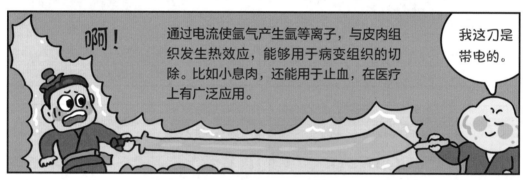

啊！

通过电流使氩气产生氩等离子，与皮肉组织发生热效应，能够用于病变组织的切除。比如小息肉，还能用于止血，在医疗上有广泛应用。

我这刀是带电的。

电极

氩气

电流

肌体

还是您这把刀厉害！

我这把刀叫氩气刀！

氦气

氦气是一种无色无味、化学性质不活泼的气体。

2022 年 5 月，中国自主研发的极目一号Ⅲ型浮空艇升空达到 9032 米的高度，超过珠穆朗玛峰的高度，创造了浮空艇大气科学观测世界纪录。

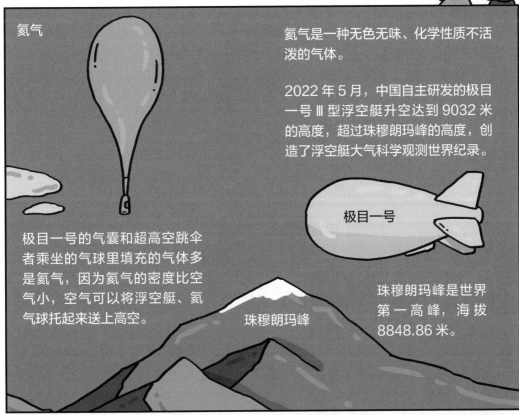

极目一号的气囊和超高空跳伞者乘坐的气球里填充的气体多是氦气，因为氦气的密度比空气小，空气可以将浮空艇、氦气球托起来送上高空。

极目一号

珠穆朗玛峰

珠穆朗玛峰是世界第一高峰，海拔 8848.86 米。

氢气

氢气和氦气一样，无色无味，密度小于空气。氢气充的气球也能浮起来，但是氢气易燃，与氧气混合还容易爆炸，所以现在基本上不用氢气充气球了。

咣！

威力很大呢！

用氢气充气球很危险，你不知道吗？

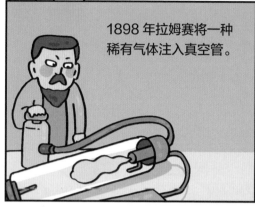

1898 年拉姆赛将一种稀有气体注入真空管。

在给真空管内的两个金属电极通电之后，真空玻璃管内发出了红光。

这类给气体通电之后就会发光的灯被称为氖灯，也就是早期的霓虹灯。

在灯管里混入不同比例的稀有气体，就能制造出不同颜色的霓虹灯。

橙红色　　红色　　粉红色　白色　　蓝色　　紫色

哇！看到了灯塔，这下不怕迷失方向了。

氖气灯发出的光穿透力强，所以在水、陆、空交通设施的灯标中有广泛的应用。

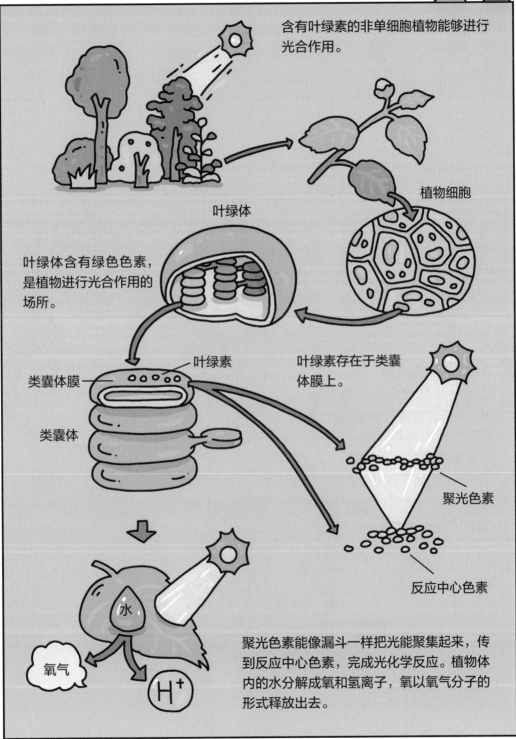

含有叶绿素的非单细胞植物能够进行光合作用。

植物细胞

叶绿体

叶绿体含有绿色色素，是植物进行光合作用的场所。

叶绿素

类囊体膜

叶绿素存在于类囊体膜上。

类囊体

聚光色素

反应中心色素

水

氧气

H⁺

聚光色素能像漏斗一样把光能聚集起来，传到反应中心色素，完成光化学反应。植物体内的水分解成氧和氢离子，氧以氧气分子的形式释放出去。

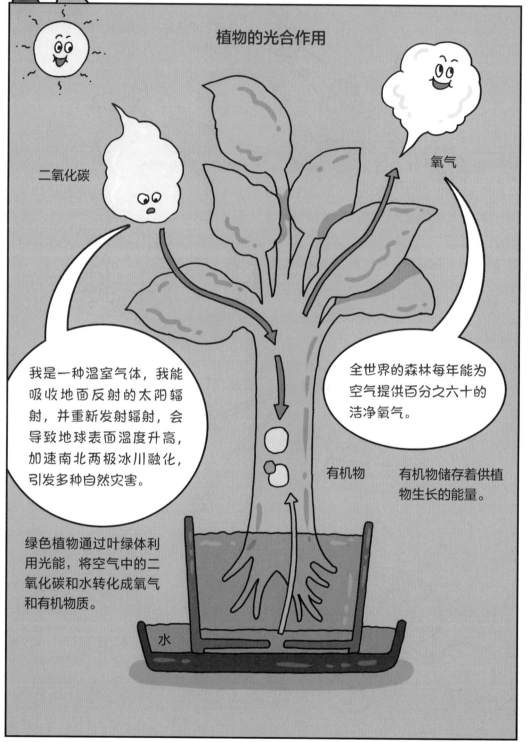

植物的光合作用

二氧化碳

氧气

我是一种温室气体，我能吸收地面反射的太阳辐射，并重新发射辐射，会导致地球表面温度升高，加速南北两极冰川融化，引发多种自然灾害。

全世界的森林每年能为空气提供百分之六十的洁净氧气。

有机物

有机物储存着供植物生长的能量。

绿色植物通过叶绿体利用光能，将空气中的二氧化碳和水转化成氧气和有机物质。

水

植物的呼吸作用

植物细胞在白天和晚上都可以进行呼吸作用。

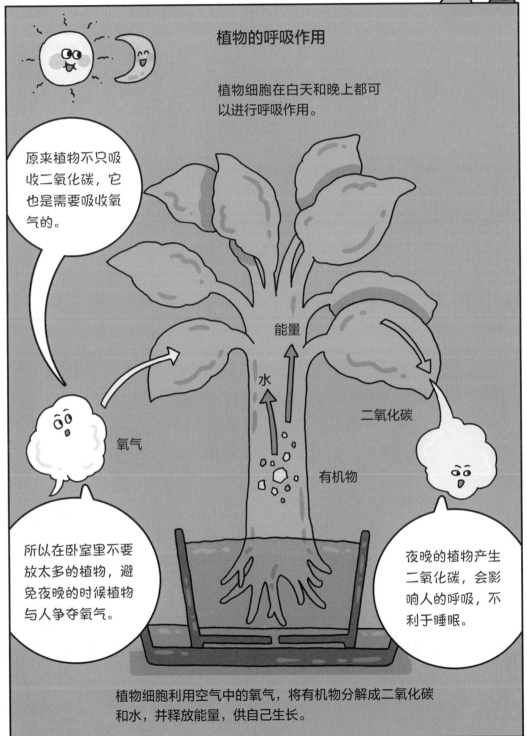

原来植物不只吸收二氧化碳，它也是需要吸收氧气的。

所以在卧室里不要放太多的植物，避免夜晚的时候植物与人争夺氧气。

夜晚的植物产生二氧化碳，会影响人的呼吸，不利于睡眠。

能量

水

二氧化碳

氧气

有机物

植物细胞利用空气中的氧气，将有机物分解成二氧化碳和水，并释放能量，供自己生长。

碳氧平衡 ▶ ▶ ▶

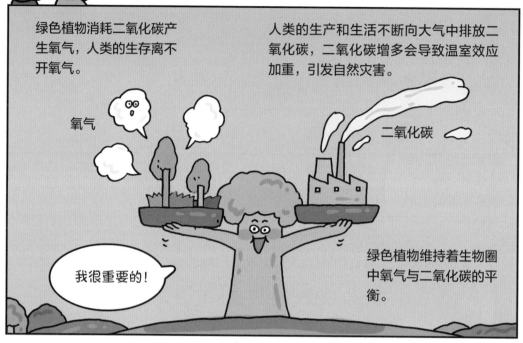

绿色植物消耗二氧化碳产生氧气，人类的生存离不开氧气。

人类的生产和生活不断向大气中排放二氧化碳，二氧化碳增多会导致温室效应加重，引发自然灾害。

氧气

二氧化碳

我很重要的！

绿色植物维持着生物圈中氧气与二氧化碳的平衡。

为了地球的生态环境越来越好，维持生态圈的碳氧平衡，我们要植树，要保护森林。

一棵树一天产生的氧气够我们俩呼吸一天。

一公顷的树林一天生产的氧气可以供七八百人呼吸。

这个地方环境不错，空气也很好，我练了金钟罩，咱俩切磋切磋呀。

好啊，我正好最近练的铁砂掌。

咳咳！

哪里来的烟？

原来是有人在烧秸秆。

我来了，接招！

哈！

如果大气中的污染物质达到一定浓度，对生态系统造成了破坏，对人类和其他生物也产生了危害，这种现象就是大气污染。

造成大气污染有自然因素，但这种因素是有限的。

二氧化碳	一氧化碳	土壤尘
含硫化合物	二氧化碳	沙
粉尘	二氧化硫	

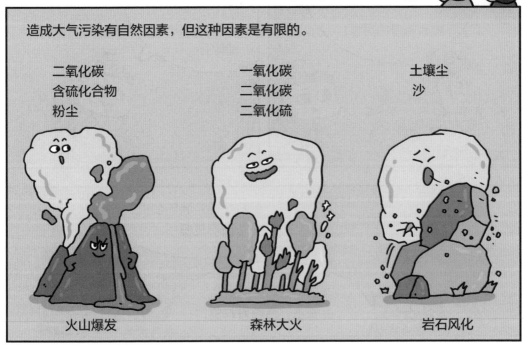

| 火山爆发 | 森林大火 | 岩石风化 |

更多的大气污染是由人为因素造成的。

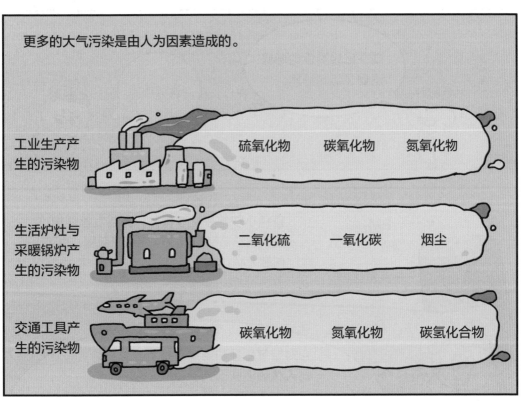

工业生产产生的污染物	硫氧化物	碳氧化物	氮氧化物
生活炉灶与采暖锅炉产生的污染物	二氧化硫	一氧化碳	烟尘
交通工具产生的污染物	碳氧化物	氮氧化物	碳氢化合物

看我暗器的厉害！

来吧，我肯定能躲开。

咻！

你打了吗？我什么也没看见呀！

我的暗器叫细颗粒物，非常小，肉眼看不见。

现在已经随你的呼吸进到了你的肺里。

真的吗？

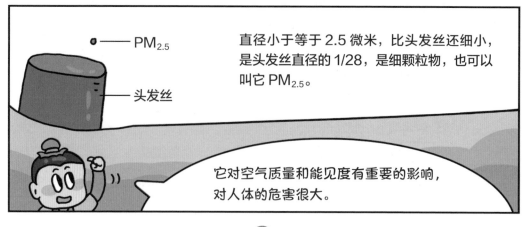

PM~2.5~

头发丝

直径小于等于 2.5 微米，比头发丝还细小，是头发丝直径的 1/28，是细颗粒物，也可以叫它 $PM_{2.5}$。

它对空气质量和能见度有重要的影响，对人体的危害很大。

咳咳咳，好难受。那我怎么才能防住 PM$_{2.5}$ 呀?

戴口罩呀!

不要 99.8，只要 9 块 9，买二送一。

原来你是为了卖货呀。

我有 30 年没看到这样的景色了。

不敢相信这是真的。

2020 年，印度实施工业停产、汽车停驶、航班停航等防疫政策，空气污染水平大幅度下降。

贾朗达尔地区的居民能清晰地看到 200 千米外的喜马拉雅山脉。

不只印度的地区，同一时期的伦敦、布鲁塞尔、巴黎、洛杉矶、贝鲁特等城市的空气质量都有极大的改善。

这都是大气污染物减少带来的。

汽车尾气的危害 ▶ ▶ ▶ ▶

在大型城市的上班早高峰和下班晚高峰，大量的汽车拥堵在道路上，此时的空气质量非常差，汽车尾气排放已经成为主要的大气污染来源。

车发动不起来，你们能帮我推一下吗？

我们开始推啦！

突突突！

谢谢你们。

咦？这俩人走得这么快！

我猜他是没看清我俩。

咳咳。

燃油汽车排放的尾气中含有大量有害物质，包括一氧化碳、碳氢化合物、氮氧化合物、二氧化硫、悬浮固体颗粒，这些都会对人的身体和自然生态造成不良影响。

他们俩就是光化学污染的罪魁祸首，二对二，咱俩能打败他俩。

汽车尾气中的碳氢化合物和氮氧化合物

你们俩给我站住！

想打架呀？

我们可不止两个人哟。

紫外线

变身！

你们怎么变了？

紫外线是我们的帮手。

洛杉矶　整座城市每天向大气中排放各类有毒物质大约 2000 吨。

太恐怖了！

1940 年至 1970 年间，洛杉矶化学烟雾导致数百人死亡，城市四分之三的人染上疾病，汽车尾气中的碳氢化合物与氮氧化合物经过光照后发生化学变化，形成有毒的气体，是世界有名的环境公害事件之一。

伦敦毒雾事件 ▶ ▶ ▶

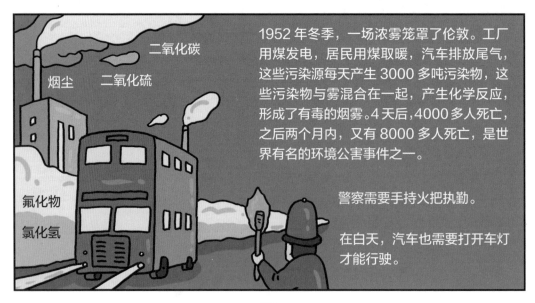

1952 年冬季，一场浓雾笼罩了伦敦。工厂用煤发电，居民用煤取暖，汽车排放尾气，这些污染源每天产生 3000 多吨污染物，这些污染物与雾混合在一起，产生化学反应，形成了有毒的烟雾。4 天后，4000 多人死亡，之后两个月内，又有 8000 多人死亡，是世界有名的环境公害事件之一。

警察需要手持火把执勤。

在白天，汽车也需要打开车灯才能行驶。

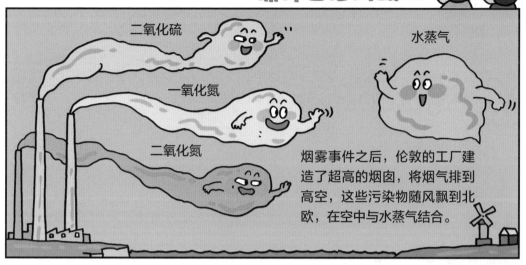

二氧化硫

一氧化氮

二氧化氮

水蒸气

烟雾事件之后，伦敦的工厂建造了超高的烟囱，将烟气排到高空，这些污染物随风飘到北欧，在空中与水蒸气结合。

从英国飘过来的污染物常常导致北欧地区发生酸雨灾害，甚至引起了国际争端。

二氧化硫　水　　　　水　二氧化氮

亚硫酸　氧气

硫酸与硝酸使雨水含酸量变高，形成了酸雨。酸雨对土壤、植物、河流、湖泊、建筑物都有极大的危害。

你们少排放些污染物吧！

英国人　　北欧人

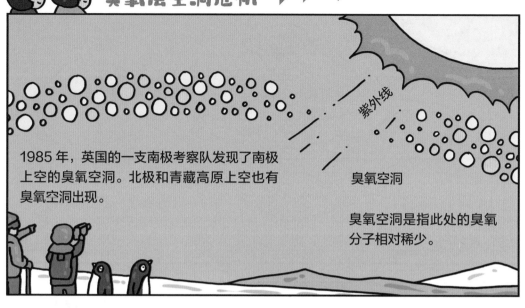

1985 年，英国的一支南极考察队发现了南极上空的臭氧空洞。北极和青藏高原上空也有臭氧空洞出现。

紫外线

臭氧空洞

臭氧空洞是指此处的臭氧分子相对稀少。

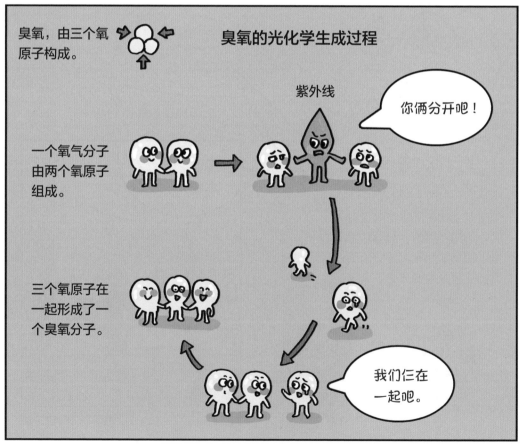

臭氧，由三个氧原子构成。

臭氧的光化学生成过程

一个氧气分子由两个氧原子组成。

紫外线

你俩分开吧！

三个氧原子在一起形成了一个臭氧分子。

我们仨在一起吧。

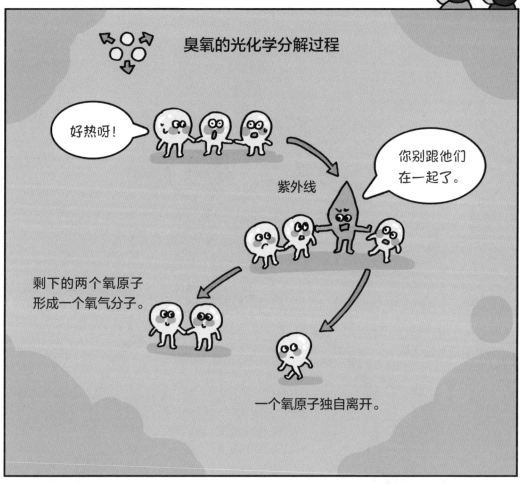

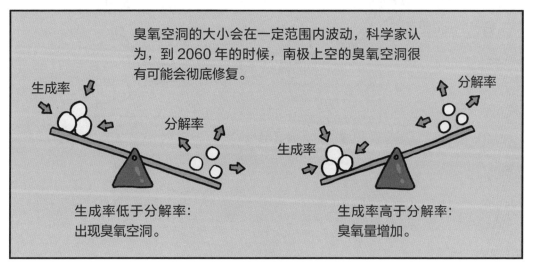

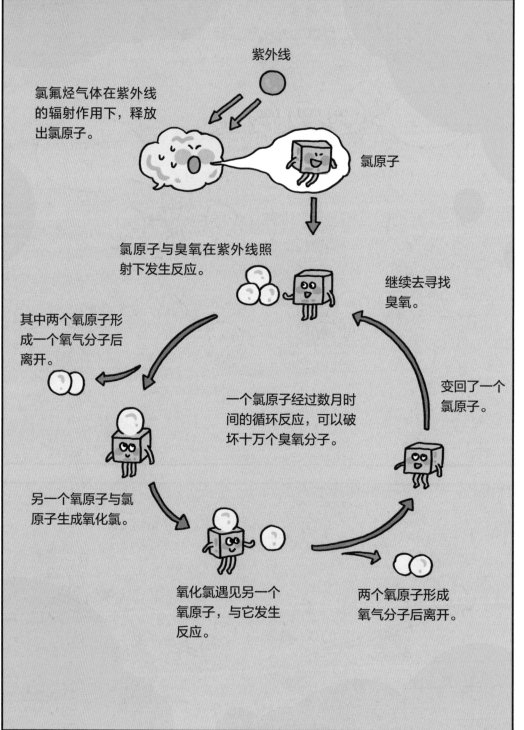

氯氟烃在大气中能存在 40~150 年不分解。

人类制造出来的用作制冷剂、喷雾剂、发泡剂等化工制剂的氯氟烃是造成臭氧空洞的"罪魁祸首"。迄今为止，人类已经向大气中排放了超过 1500 万吨的该物质。

臭氧空洞会导致到达地面的紫外线强度增大，增加人们患上皮肤癌、白内障等疾病的概率。

真是太难受了！

AQI 是一种反映和评价空气质量的方法，是将常规监测的几种空气污染物的浓度简化为单一的概念性数值形式，并分级表征空气质量状况与空气污染的程度。

1级
优

AQI 0~50

各类人群可正常活动。

2级
良

AQI 51~100

极少数异常敏感人群应减少户外活动。

3级
轻度污染

AQI 101~150

儿童、老年人及心脏病、呼吸系统疾病患者应减少长时间、高强度的户外锻炼。

4级 中度污染

AQI 151~200

儿童、老年人及心脏病、呼吸系统疾病患者避免长时间、高强度的户外锻炼，一般人群适量减少户外运动。

5级 重度污染

AQI 201~300

咳咳！

儿童、老年人和心脏病、肺病患者应停留在室内，停止户外运动，一般人群减少户外运动。

6级 严重污染

AQI 大于300

儿童、老年人和病人应当留在室内，避免体力消耗，一般人群应避免户外运动。

各种气体神通广大，有能与电产生反应
的气体。

有内含巨大
能量的气体。

火焰掌！

霹雳刀！

有能够爆炸、
危险性极高的
气体。

有能给自然环
境带来破坏的
气体。

霸王枪！

有能对其他气体
起到屏蔽作用的
气体。

滚地雷！

金钟罩！

气体的各种本领
给人类的生活带
来便利的同时也
带来了困扰。

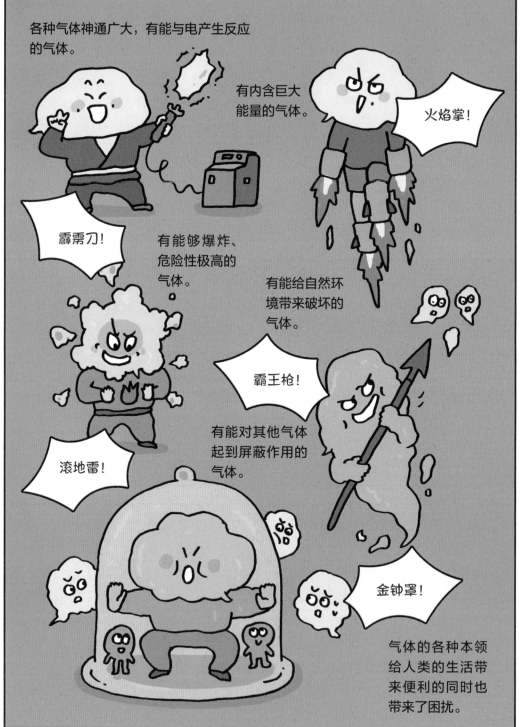